ICDL 资讯安全

课程大纲 2.0

ICDL 基金会　著

ICDL 亚　洲　译

东南大学出版社
SOUTHEAST UNIVERSITY PRESS
·南京·

图书在版编目(CIP)数据

ICDL 资讯安全/爱尔兰 ICDL 基金会著;ICDL 亚洲译.—南京:东南大学出版社,2019.4(2024.8 重印)

书名原文:IT Security

ISBN 978-7-5641-8352-3

Ⅰ.①I… Ⅱ.①爱…②I… Ⅲ.①信息安全—安全管理—教材 Ⅳ.①TP309

中国版本图书馆 CIP 数据核字(2019)第 061138 号

江苏省版权局著作权合同登记
图字:10-2019-055 号

ICDL 资讯安全(ICDL Zixun Anquan)

出版发行:东南大学出版社
社　　址:南京市四牌楼 2 号　　　　邮　　编:210096
网　　址:http://www.seupress.com
出 版 人:江建中

印　　刷:广东虎彩云印刷有限公司
排　　版:南京月叶图文制作有限公司
开　　本:700 mm×1000 mm　1/16
印　　张:6.5
字　　数:125 千
版　　次:2019 年 4 月第 1 版
印　　次:2024 年 8 月第 3 次印刷
书　　号:ISBN 978-7-5641-8352-3
定　　价:45.00 元

经　　销:全国各地新华书店
发行热线:025-83790519　83791830

说　　明

ICDL 基金会认证科目的出版物可用于帮助考生准备 ICDL 基金会认证的考试。ICDL 基金会不保证使用本出版物能确保考生通过 ICDL 基金会认证科目的考试。

本学习资料中包含的任何测试项目和(或)基于实际操作的练习仅与本出版物有关,不构成任何考试,也没有任何通过官方 ICDL 基金会认证测试以及其他方式能够获得认证。

使用本出版物的考生在参加 ICDL 基金会认证科目的考试之前必须通过各国授权考试中心进行注册。如果没有进行有效注册的考生,则不可以参加考试,并且也不会向其提供证书或任何其他形式的认可。

本出版物已获 Microsoft 许可使用屏幕截图。

European Computer Driving Licence,ECDL,International Computer Driving Licence,ICDL,e-Citizen 以及相关标志均是 The ICDL Foundation Limited 公司(ICDL 基金会)的注册商标。

前　　言

ICDL 资讯安全

资讯安全的日常维护是确保专业、个人和财务安全的重要在线技能。了解有关数据管理的最佳做法以及个人信息保护和在线安全浏览的方法将有助于用户在网络世界的信息安全。本书将帮助考生了解日常生活中安全使用资讯的主要概念，并利用相关技术和应用程序来维护网络连接，安全地使用Internet，并适当地管理数据和信息。

完成本书学习后，考生将具备以下能力：

- 了解有关安全信息和数据、物理安全以及隐私与身份窃取重要性的关键概念。
- 保护计算机、设备或网络免受恶意软件和未经授权的访问。
- 了解网络类型、连接类型和网络特定问题，包括防火墙。
- 浏览互联网并进行安全通信。
- 了解与通信有关的安全问题，包括电子邮件和即时消息。
- 妥善安全地备份和恢复数据。
- 安全处理数据和设备。

学习本书的意义

在完成本书的学习后，考生将能够展示这些领域的能力，并以安全的方式进行在线活动。一旦考生掌握了本书提供的技能和知识，有可能通过 ICDL 资讯安全的国际标准认证。

有关本书每个部分所涵盖的 ICDL 资讯安全课程大纲的具体领域的详细信息，请参阅本书结尾的 ICDL 课程大纲。

目　　录

安 全 概 念

在本节中,用户将了解到:

- 数据威胁
- 信息的价值
- 个人安全
- 文件安全性

1.1 数据威胁

维护数据安全无论对于个人、小型企业还是大型企业都至关重要。确保数据安全是避免个人和企业在工作上发生意外损失的关键。但不幸的是，由于恶意或无意的行为，这可能是一项艰巨的任务。

以下是与数据威胁相关的一些常见术语：

● **数据**
数据是与物体相关的事实、数字和统计数据的集合，可以处理数据以创建有用的信息。数据是原始和无组织的事实和数字。

● **信息**
信息是组织和处理的数据，给数据赋予了更多意义和上下文。如果说数据像一片片拼图，那么信息就像一个完整的拼图，向用户显示最终的图片。

● **网络犯罪**
网络犯罪是涉及使用互联网或计算机进行非法活动的罪行，往往是为了经济或个人利益。包括身份盗用和社会工程等。

● **黑客入侵**
黑客入侵是涉及使用计算机专业知识来获取未经授权访问计算机系统的途径。黑客可能希望篡改计算机上的程序和数据，使用计算机资源，或者只是证明他们可以访问计算机。

数据安全的主要威胁：

● 系统崩溃和硬盘崩溃——系统崩溃或硬盘崩溃可能会对存储介质造成物理损坏。

● 可能会删除或损坏文件的计算机病毒。

● 造成磁盘和磁盘驱动器故障——例如坏扇区。

● 意外删除或覆盖文件，造成数据丢失。

- 由未经授权的用户或黑客造成信息的删除。
- 遭受自然灾害,如洪水、火灾或地震等破坏。
- 恐怖主义行为或战争。
- 员工意外或恶意删除。

云计算

云计算是一种基于互联网的按需计算服务,可让用户随时随地与其他设备共享资源和数据。在云计算环境中,服务、应用程序、存储和服务器通常由第三方数据中心管理,这样可以以最少的管理成本轻松访问服务和应用程序。

云计算漏洞

云计算有其优缺点。在决定使用云端时,您需要考虑一些可能的云计算漏洞:

- **会话劫持**。当攻击者拦截或窃取用户的账户以便使用应用程序时,被盗的账户允许攻击者模拟用户,并使用用户的身份验证凭据登录。
- **服务可靠性**。与内部服务和私有云一样,云计算也会造成偶尔停机和服务不可用。云服务提供商有不间断的电源,但有时可能会出现意外,所以,百分之百的正常运行时间不太可能实现。
- **依靠互联网**。云服务的可用性高度依赖于互联网连接。如果 Internet 连接失败或暂时不可用,用户将无法使用所需的云服务。这也将大大影响需要运行的服务,例如,如果在医院中发生这种情况,生命就可能受到威胁。

云计算威胁

云计算威胁包括以下几个方面:

- **数据控制**。数据控制是企业迁移到云的一个大问题。将公司的敏感和机密数据放在云服务提供商的服务器上,这是一些公司不愿意承担的风险。还有关于公司数据的安全性以及是否会被不合适的人掌握的担忧。

- **拒绝服务**。由于对某些云服务进行了相当简单或匿名的注册过程,云服务可能会被用于恶意目的,例如垃圾邮件、僵尸网络、分布式拒绝服务(DDoS)或恶意软件分发等。
- **潜在的隐私丢失**。由于云服务可以从互联网上的任何地方访问,所以可能会存在数据的隐私泄露问题。当数据从客户端传输到云端时,攻击者可能会拦截通信。
- **恶意内部人员**。在云服务工作的员工有可能访问用户的数据并窃取机密信息。
- **数据丢失**。如果云服务提供商的硬盘驱动器未实现正确的数据备份,则可能会发生这种情况,CSP 也可能会意外删除用户的数据。

1.2 信息的价值

信息安全的基本特征

信息安全意味着保护信息和信息系统免受未经授权的访问、使用、披露、中断、修改、阅读、检查、记录或销毁。

信息安全的目标是保护信息的机密性、完整性和可用性。

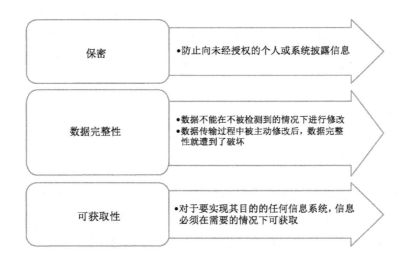

保护个人信息的原因

如今,越来越多的人正在使用互联网和移动设备进行在线购物、银行、商业、通讯等活动。一些公司依靠各种云服务和其他基于网络的服务来运营他们的日常业务。

信息更容易通过互联网访问使企业面临严峻的安全问题。黑客能够利用在线数据传输中的漏洞,获得系统和网络未经授权的访问。过去几年来,有很多有关数据泄露和身份盗用的报道。网络犯罪分子经常窃取个人信息,如银行记录、信用卡详细信息、用户名和密码,以获得经济利益。

个人信息通常被公司用来识别和授权用户在网站上业务交易。例如,购物网站可能会有用户姓名、地址、信用卡详细信息等记录。黑客可能窃取这些信息,以冒充使用者,然后进行欺诈和未经授权的交易以及其他欺诈活动。没有足够的安全和对个人信息的保护,用户将面临身份盗用、欺诈以及隐私权的丧失等。不保护用户个人信息的公司可能会失去客户的信任和业务。

保护商业敏感信息的原因

商业敏感信息可能是公司拥有的任何信息,如果以任何方式丢失、误用、被盗或更改都可能会造成损失。

可能被归类为商业敏感信息的示例如下:

- 财务报表,如资产负债表、现金流量表、损益表或资产陈述。
- 信息,例如当前和过去客户的列表。
- 商业秘密,如设计、配方、生产流程等。
- 有关新产品、营销策略的信息或专利信息。

必须保护商业敏感信息,以防止:

- 窃取个人和公司的机密信息。公司信息可能被企业间谍或黑客窃取。这些数据可能会转交给公司的竞争对手，不利于信息所有者。

● 意外丢失数据。用户可能会错误地删除或更改敏感数据，包含敏感信息的存储介质或移动设备。

● 欺骗性地使用公司数据。如客户信息和信用信息。

● 企业破坏。一些竞争对手可能会使用信息来破坏公司的业务。

数据隐私或保护控制

随着各种业务和个人交易在互联网上的广泛使用，需要采取措施确保个人或公司正在使用的数据的隐私和安全性。因此相关法律和准则被制定，以确保数据和信息不被滥用及用于任何非法行为。

数据保护的相关法律通常规定保护个人信息，不得非法使用某人的个人资料和泄露其隐私。然而，数据保护的相关法律可能会因国家而异。

一般来说，拥有个人资料的人员必须确保：

● 个人资料以公平合法的方式处理。

● 总是采用良好的做法处理个人资料。

● 个人资料的收集只能用于合法和明确的目的。

● 如果与收集信息的目的不兼容，则不得处理个人资料。这被称为比例原则。

● 处理的个人资料是充分的和相关的。

● 不会对个人资料进行不必要的处理。

● 处理的个人数据是准确和最新的。

● 个人资料的保存时间不得超过必要时间。

数据主体和数据控制器

一个数据主体是个人信息的主体，而数据控制器是控制和使用个人数据的个人（或人的集合）。在这种关系中，为了安全和公平，有必须遵循的准则和法规。数据控制器将负责公平地获取和处理数据，保证安全，确保数据的充分性和相关性，并将根据要求提供数据主体的副本。

ICT 规则

ICT（Information and Communication Technology，信息和通信技术）规则通常在工作场所实施，以确保安全和适当地使用互联网服务和连接。公司可以签发由员工签字的文件，以符合公司规定。不在公司工作的人，也可能使用这种服务，例如具有共享 Wi-Fi 网络的大学、餐馆和公共交通工具等也可能有 ICT 规则，要求使用者在连接到网络之前确认遵守规则。

1.3　个人安全

社会工程学

社会工程学是一种操纵或影响人们的方式，目的是非法获取敏感数据（例如密码或信用卡信息）。社会工程师研究并了解其目标的个人环境并伪造其身份，从受害者处获得机密信息。在大多数情况下，它们渗透到第三方计算机系统中以侦测敏感数据。

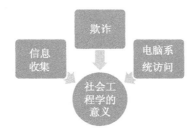

社会工程学方法

● 电话

通过电话进行欺诈是最常见的方法之一。攻击者可以模仿权威人士、权威人士代表或服务提供者,从一个不知情的用户身上提取信息。例如,一个声称是该公司首席执行官的人,就会利用打电话给不知情的用户,以各种借口要求其提供相关的密码。

● **网络钓鱼**

网络钓鱼是另一种欺诈方式,其中欺诈者发送似乎来自合法来源(例如银行)的电子邮件,电子邮件中通常要求对信息进行验证,并有时在邮件中警告收件人,如果不遵守邮件中的要求,会有可怕的后果。网络钓鱼电子邮件通常包含指向欺诈性网页的链接,这些网页与合法网页(包括标识和内容)非常相似。

● **肩窥**

肩窥是指使用直接的观察技术,站在别人身后、越过肩膀观察别人操作进而获取信息的做法。它通常用于获取密码。

身份盗用及其影响

身份盗用是指有人蓄意冒充和使用另一人的身份。通常是使用他人的身份以获得经济利益、信用或其他利益。例如,当某人使用另一个人的身份获得驾驶执照。这种欺诈行为可能会对身份被认定的人造成严重的影响。

身份盗用的初始含义是重新建立用户的身份和信用记录。

个人 这种身份盗用的后果是致命的,会引起情感抑郁、焦虑甚至抑郁	财务 财务历史和信用记录可能遭受身份盗用,导致一个或多个现有账户的丢失或滥用
身份盗用的影响	
企业 尤其是在信贷和金融领域,会造成经济损失。当受害者是员工时,企业还会遭到时间损失和产能损失	法律措施 重新建立合法身份,包括个人资料、护照和税务记录

身份盗用的方法

● 信息挖掘

信息挖掘也称为垃圾搜寻，它是通过挖掘丢弃文件或物品的垃圾箱或垃圾桶获取个人或个人信息的方法，如搜索垃圾桶里的费用单或信用卡对账单等。

● 侧录

身份盗用者通过使用小型电子设备捕获受害者的个人数据的方法称为侧录。侧录器通常是连接到 ATM 机卡槽的设备。受害者可能不知不觉间将卡片滑入侧录器，然后被读取并存储卡片磁条上的所有信息。

● 假托

假托涉及创造和使用捏造的场景（借口）来吸引目标受害者。这个借口增加了受害者在一般情况下不太可能获得信息或采取行动的机会，例如冒充来自提供服务公司的人，劝说用户与他们分享银行账户详细信息。

1.4 文件安全性

通常，一些最重要的信息会存储在电子文档和电子表格等文件中。用户应该知道，对于这些文件应该有一系列的安全考虑。

启用/禁用宏安全设置

宏用于在 Microsoft Office 应用程序中自动执行重复或经常使用的任务。可以通过使用宏录制功能或由软件开发人员使用 VBA（Visual Basic for Applications）编写宏。有恶意的人可能会创建破坏性的宏，从而传播病毒。因此，宏是潜在的安全威胁。

用户可以自动禁用宏，只有在信任该文件的来源时才启用它们。宏安全设置可以在信任中心中找到。在某些组织中，默认情况下禁用这些设置，并且在没有系统管理员授权的情况下不能更改。

示例：在 **Microsoft Excel 2016** 中进行宏安全设置

1. 单击**文件**选项卡。
2. 单击**选项**。
3. 单击**信任中心**，单击**信任中心设置**，然后单击**宏设置**。

宏设置

○ 禁用所有宏，并且不通知(L)
◉ 禁用所有宏，并发出通知(D)
○ 禁用无数字签署的所有宏(G)
○ 启用所有宏(不推荐；可能会运行有潜在危险的代码)(E)

4. 单击下面的选项之一：
  a. **禁用所有宏，并且不通知**　如果不想允许宏运行，请选择此设置，除非它们位于受信任的位置。当用户打开启用宏的文件时，用户将不会收到任何通知。
  b. **禁用所有宏，并发出通知**　打开启用宏的文件时，会显示安全警告，让用户选择是否启用宏。此设置是默认设置。
  c. **禁用无数字签署的所有宏**　使用此设置，只有受信任发布者进行数字签名的宏才能运行。如果该宏由用户不信任的发布商签名，则会出现通知，让用户信任发布商，从而启用宏。
  d. **启用所有宏(不推荐；可能会运行有潜在危险的代码)**　允许所有宏运行，没有通知或安全警告。此设置使计算机容易受到宏病毒的攻击，不推荐使用。
5. 单击**确定**按钮。

设置文件密码

在 Microsoft Office 系统中，可以使用密码来防止其他人打开和修改用户的文档、工作簿和演示文稿。

要设置 **Microsoft Word 2016** 文档的文件密码：

1. 单击**文件**选项卡。

2. 单击**信息**。

3. 单击**保护文档**。

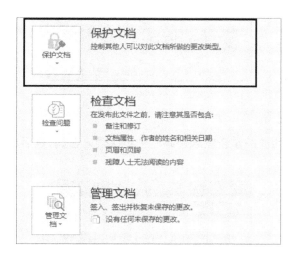

4. 单击**用密码进行加密**。

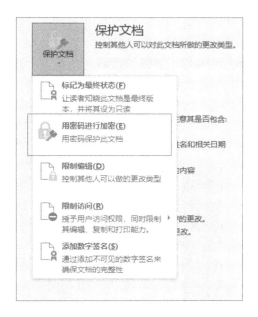

5. 在**加密文档**对话框的**密码**栏中输入密码。

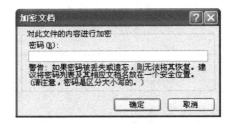

6. 单击**确定**按钮。

7. 在**确认密码**对话框的**重新输入密码**栏中再次**输入密码**，然后单击**确定**按钮。

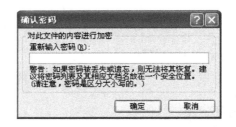

8. 保存文件。

要设置 **Microsoft Excel 2016** 电子表格的密码：

1. 单击**文件**选项卡。

2. 单击**信息**。

3. 单击**保护工作簿**。

4. 单击**用密码进行加密**。

5. 在**加密文档**对话框的**密码**栏中输入密码。

6. 单击**确定**按钮。

7. 在**确认密码**对话框的**重新输入密码**栏中再次**输入密码**，然后单击**确定**按钮。

8. 保存文件。

加密文件夹或驱动器

要加密文件夹：

1. 鼠标右键单击要加密的文件夹。

2. 单击**属性**命令。

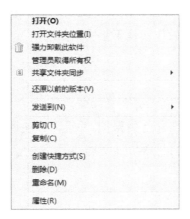

3. 在**常规**选项卡下，单击**高级属性**选项卡。

4. 勾选**加密内容以便保护数据**复选框。

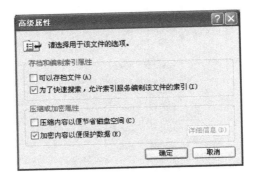

5. 单击**确定**按钮。

加密的优点和局限性

使用加密的唯一最重要的原因是保护机密性。

优点：

● 确保个人文件和机密数据只能由目标对象查看。

● 加密数据在传输过程中，即使数据被截获，也可以阻止任何不是数据的预期查看对象打开和读取数据。

● 确保数据完整性，防止未经授权的对象更改用户的数据。

● 加密允许用户验证文档的作者是不是本人。

局限性：

● 如果忘记了密码，那么可能无法恢复数据。

● 某些形式的加密仅提供名义上的保护，并且可以使用正确的程序轻松破解，例如旧版本的 ZIP 压缩文件或 Word 文档。

● 无法阻止删除数据。

1.5 复习及练习

1. 未经授权或超过授权访问计算机的过程称为(　　　)。

    a. 肩窥

    b. 网络钓鱼

    c. 黑客

    d. 假托

2. 以下哪项不是信息安全的基本特征?(　　　)

    a. 保密性

    b. 地方性

    c. 完整性

    d. 可用性

3. 下列哪项是加密的优势?(　　　)

    a. 防止删除数据

    b. 确保数据完整性

    c. 不需要密码

    d. 保持文件作者匿名

4. 下列条款中,哪一项形容某人恶意企图监视用户在 ATM 机上输入密码的过程?(　　　)

    a. 肩窥

    b. 网络钓鱼

    c. 网络欺凌

    d. 黑客

第 2 课

恶 意 软 件

在本节中,用户将了解到:
- 恶意软件的类型
- 防止恶意软件
- 消除和删除恶意软件

2.1　恶意软件的类型

恶意软件的定义

恶意软件是指在未经用户同意的情况下将其安装在计算机或设备上的软件。它作为一个术语用来描述以下类型的恶意软件。

感染恶意软件的类型

病毒　　　　　可以在人为操作触发时复制，并对计算机造成损害。

蠕虫　　　　　使用计算机网络将自身的副本发送到其他计算机上并自动复制。

特洛伊木马　　一种非自我复制的恶意软件，伪装成无害的应用程序。

Rootkits　　　能够在隐藏其存在的同时继续访问计算机或设备。

后门　　　　　绕过正常认证的方法，以试图保持不被检测，这通常是为了不被发现而远程访问计算机设置的。

数据窃取类型

数据窃取是指在数据所有者未授权的情况下非法访问（阅读、编辑或复制）数据。数据被盗的方式有很多种。

攻击者通常使用恶意软件来获取金钱。他们可以使用受感染的电脑在许多方面创造收入。最简单的方法之一是通过广告收入。正如许多网站通过展示广告而产生收入一样，恶意软件可以显示导致用户向网络犯罪分子付款的广告。

在某些情况下，黑客使用一组称为"僵尸网络"的僵尸计算机将大量请求和流量发送到服务器或网站。这可能导致正常用户无法访问网络。这种类型的攻击被称为分布式拒绝服务（DDoS）攻击。攻击者会以此勒索服务器或网站所有者金钱，以换取停止攻击。

一些黑客也可能会使用一种名为 Ransomware 的恶意软件来加密用户的数据，用户的数据需要支付赎金才能得到解密，用户被迫向攻击者付款以追回数据。

黑客可能会使用银行特洛伊木马来获取未经授权的银行账户访问权限。银行特洛伊木马是一种复杂的恶意软件，允许攻击者控制受害者的机器并窃取用户的凭证，从而允许黑客利用受害者的身份执行银行交易。

以下是使用恶意软件进行数据窃取和敲诈勒索的几个示例：

广告软件　　一种自动下载和显示不需要的广告的软件。黑客使用它来产生收益并收集数据，无需用户知情或同意。一些广告软件可能会诱骗用户下载恶意软件或访问恶意网站。

间谍软件　　黑客使用间谍软件来监控所有的活动。间谍软件可以捕获用户的信息，查看网络摄像头，监视用户访问的站点，并查看用户电脑上运行的程序和文件。当用户点击广告软件或安装看似无害的文件时，可能会无意中安装间谍软件。

僵尸网络　　僵尸网络（Botnet）中的"Bot"是机器人（Robot）的缩写。黑客发布恶意软件，可以将用户的计算机变成机器人。发生这种情况时，用户的计算机可以通过 Internet 执行自动化任务，而用户本人并不知晓。犯罪分子通常使用机器人感染大量的电脑。这些计算机形成网络或僵尸网络。

键盘记录器　　键盘记录器是一种基于硬件或软件的工具，用于跟踪或记录键盘上被敲击的键。这通常是隐蔽的，以免用户知道他们的击键被记录，这样就可以让黑客在用户不知情的情况下秘密地收集密码和信用卡信息等机密数据。

拨号器　　　　　拨号器是一个程序,试图建立一个具有高码率的电话连接。它会感染使用调制解调器连接到互联网的计算机,因为它会修改电话和调制解调器配置,将 ISP(互联网服务提供商)提供的号码(通常以当地费率收取)换成昂贵的高价电话号码。或者,它也可以拨打黑客的机器来传输被盗的数据。

2.2　保护

了解防病毒软件及其限制

防病毒软件通过扫描计算机系统中的文件来识别和消除各种恶意软件。在计算机上安装防病毒软件很重要,可以减少对用户信息和工作的恶意和破坏性威胁。

通常,防病毒软件使用两种不同的技术来实现:

● 通过扫描和检查计算机系统中的文件,并根据某些病毒签名将其与已知的恶意软件进行比较。

● 通过检查可能指示新型病毒的各种不良行为的程序。这种技术被称为"启发式检查"。

市场上最著名的防病毒软件在执行扫描时使用这两种技术。

防病毒软件需要一份最新病毒和其他恶意软件的更新列表,以便有效保护用户的系统。否则,软件可能无法检测到一些病毒。不同防病毒软体的功能因软件的更新而异。保持网络浏览器、插件、应用程序和操作系统是最新版的也至关重要,因为大多数更新包含的措施,都有助于对计算机中的开发病毒和恶意软件错误修复。

防病毒软件的限制包括:

● **防病毒软件功能**

各种防病毒软件具有不同的功能。最基本的防病毒软件，特别是免费的程序，可能受到限制，因为它们只能保护计算机免于某些病毒变体的威胁，但无法保护计算机免于更加复杂的病毒软件的攻击。

● **零日漏洞**

零日漏洞是对计算机系统的一种攻击，它是未知或未公开的漏洞。这种类型的攻击利用了在攻击时没有针对该漏洞的已知修补程序的事实。

● **漏洞**

防病毒软件也受到限制，因为它不能阻止漏洞利用，这种漏洞利用会攻击漏洞，其中也包括攻击操作系统固有的安全漏洞。

使用防病毒软件 Microsoft Security Essentials

扫描

1. 打开 Microsoft Security Essentials。
2. 在**主页**选项卡中的扫描选项中选择**快速**或**完全**。

3. 单击**立即扫描**按钮。

扫描特定的驱动器

1. 在**主页**选项卡的**扫描选项**中，选择**自定义**。
2. 单击**立即扫描**按钮。
3. 检查所需的驱动器和文件夹。
4. 单击**确定**按钮。

计划扫描

默认情况下，Microsoft Security Essentials 每周运行一次扫描（周日凌晨 2 点）。

1. 单击**设置**选项卡。
2. 在**计划的扫描**选项下，使用提供的下拉列表设置扫描类型、日期和大概时间。

3. 单击**保存更改**按钮。

隔离文件

当防病毒软件遇到受感染的文件时，通常有三个选项可用：清洁、隔离或删除。隔离即尝试将文件移动到由防病毒软件管理的安全位置。

更新防病毒软件

病毒定义文件是指防病毒软件用来识别威胁的病毒数据库。更新防病毒软件的病毒定义文件很重要，因为它将使程序能够检测更新和更复杂的病毒。大多数防病毒程序可能被配置为自动更新，前提连接了互联网。

更新病毒定义

1. 打开 Microsoft Security Essentials。
2. 在**更新**选项卡中，单击**更新**按钮。

自动安装来自 Microsoft 的最新病毒和间谍软件定义。

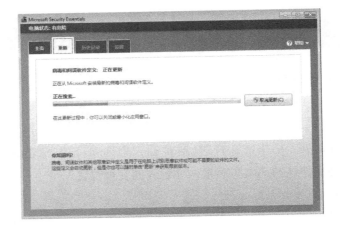

默认的定义是自动完成的。

2.3 复习及练习

1. _____为恶意目的创建和分发。（   ）

   a. 恶意软件

   b. 防火墙

   c. 防毒软件

   d. 数据库管理

2. 以下哪项不是间谍软件的特征？（   ）

   a. 监视击键

   b. 使用 Cookie 获取信息

   c. 重新配置 Internet 浏览器设置

   d. 未经同意拨打电话

3. 受到感染用于分发恶意软件的计算机网络被称为（   ）。

   a. 机器人

   b. 僵尸网络

   c. 互联网

   d. 内部网

4. 当防病毒软件检测到受感染的文件时，以下选项中不是常见选项的是（   ）。

   a. 隔离

   b. 删除

   c. 打开

   d. 清洁

5. 将左侧的恶意软件类型与右侧的说明进行匹配。

| 特洛伊木马 | | 这种病毒顾名思义，被伪装成一种文件，从而诱惑用户打开，例如一种游戏或一种图形文件。 |

| 间谍软件 | | 这是一种能在系统中多次自我复制的病毒，从而会堵塞系统资源。 |

| 蠕虫 | | 这种病毒会跟踪你查看的网页，然后将数据发给第三方。 |

6. 访问以下网页，使用免费的 Microsoft 安全扫描程序工具从计算机的安全配置文件中扫描和删除恶意程序：

   http://www.microsoft.com/security/scanner/en-us/default.aspx

网 络 安 全

在本节中,用户将了解到:
- 网络和连接
- 无线网络的安全性

3.1 网络和连接

计算机网络是通过通信信道连接在一起的两个或多个计算机系统，以允许共享资源和信息。

网络上的设备称为节点。节点可以使用各种类型的连接介质连接，包括双绞铜线电缆、光纤电缆、同轴电缆和无线电波。

常用网络类型

● LAN（局域网）

局域网是最小型的网络，通常在一座建筑物的小区域内延伸。当用户将他们的计算机连接到局域网时，可以访问共享资源，如 Internet 连接、网络驱动器、打印机以及其他用户的计算机。

登录到局域网时，用户需要输入用户名和密码。一旦经过身份验证，他们就可以根据分配给其账户的权限类型访问网络上的服务。这确保用户只能访问他们获得访问权限的文件、文件夹和服务。

● WAN（广域网）

广域网（WAN）可以在一个较大的地理区域内延伸，并通过电话网或无线电波连接。许多现代公司在全国各地设有办事处、商店或工厂，并在全球各地设有大型公司，员工在不同的地方工作，他们往往需要能够访问相同的信息。计算机通过局域网连接在一起，网络不再局限于一座建筑物；若其分布在更广泛的地区，就被称为广域网。

所以基本上一个广域网就是彼此相距很远、连接在一起的个别电脑或局域网。与局域网不一样的是，其通常不会共享硬件或软件。目前最大的广域网是互联网。

● **WLAN(无线局域网)**

WLAN 允许移动用户通过无线(无线电)方式连接到局域网。它在有限的区域(如办公室、家庭、学校或办公楼)内提供两个或多个设备之间的连接。

● **VPN(虚拟专用网)**

VPN 允许用户通过互联网访问它们的专用网络。用户可以通过加密连接远程访问其组织中的共享网络资源、打印机、内部网站、数据库和其他服务。它允许用户发送和接收数据,就像直接连接到专用网络一样。VPN 通常使用加密的流量和隧道协议来建立用户和专用网络之间的虚拟点对点连接。

连接网络的安全隐患

设备可以通过以下方式连接到网络:

● 网络电缆连接
● 无线接入点

任何人都可以将不安全的设备连接到不安全的网络,并可以访问资源和数据。这会损害网络上的设备,包括服务器。

连接网络的安全隐患,包括:

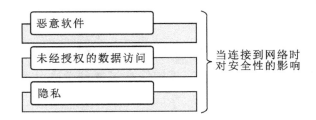

● **恶意软件**

网络上设备的互联性会允许无保护设备上的恶意软件通过不安全的网络轻松传播到其他设备。

● **未经授权的数据访问**

入侵者或黑客可以访问网络,并可能会读取其未受保护的数据。因此,机密或敏感数据可能容易受到损害,例如,将组织成员的知识产权暴露给公众。

● **隐私**

将设备连接到网络可能会增加个人设备上的信息被其他网络用户访问的可能性。实施适当的网络安全将减少或消除这些威胁。

网络管理员的角色

网络管理员是负责维护包括计算机网络硬件和软件的人员。这通常包括部署、配置、维护和主动监控网络设备。安全性是网络管理员角色的重要组成部分。

与安全性相关的活动包括:

● 管理网络上的用户账户的身份验证和授权。
● 维护用户对网络上所需数据的访问,并确保网络使用符合 ICT 政策。
● 监控和安装相关的安全补丁和更新,监控网络流量,以及处理网络上发现的恶意软件。

防火墙的功能和限制

防火墙是一种程序或硬件设备,可用于帮助保护网络免受黑客可能对网络的数据访问。防火墙将通过 Internet 连接的信息过滤到个人计算机或公司的网络中。

防火墙作为内部网络和外部网络(如 Internet)之间的屏障。当来自网络外部的流量试图访问内部网络时,防火墙会检查一组规则,未经授权的访问都将被防火墙阻止。

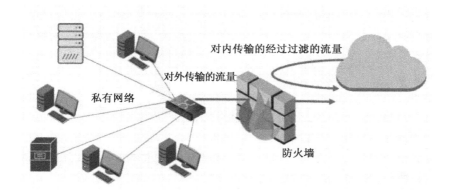

访问互联网的任何人都必须确保已经安装了防火墙。虽然防火墙非常必要,但它仍然存在一些局限性:

● **病毒**

并不是所有的防火墙都能提供完全的防范计算机病毒的保护措施,因为有许多方式可以对文件进行编码并通过 Internet 传输。

● **攻击**

防火墙无法防止不通过防火墙的攻击。例如,防火墙可能会限制来自互联网的访问,但可能无法保护设备免受对计算机系统的拨入访问,或当用户将受感染的笔记本电脑和其他移动设备连接到公司的网络时防火墙也无法进行保护。

● **监测**

一些防火墙可以通知感知到的威胁,但是如果有人入侵了网络,则可能无法通知。

用户可以打开或关闭个人防火墙,但不建议将其关闭。用户还可以阻止应用程序、服务或功能访问防火墙。

要打开或关闭个人防火墙:

1. 单击**开始**按钮。
2. 单击**控制面板**。
3. 单击 Windows **防火墙**按钮。

4. 在左侧面板中,单击**打开或关闭 Windows 防火墙**。

5. 单击相应的选项。

6. 单击**确定**按钮。

用户允许通过个人防火墙进行应用程序、服务或功能访问:

1. 单击**开始**按钮。

2. 单击**控制面板**。

3. 单击 **Windows 防火墙**按钮。

4. 在左侧面板中,单击**允许程序或功能通过 Windows 防火墙**。

5. 单击**更改设置**。

6. 选中**要允许的程序或功能**旁边的复选框。

7. 选中**要允许通信的网络位置**的复选框。

8. 单击**确定**按钮。

用户通过个人防火墙阻止应用程序、服务或功能访问：

1. 单击**开始**按钮。
2. 单击**控制面板**。
3. 单击 **Windows 防火墙**按钮。

4. 在左侧面板中，单击**允许程序或功能通过 Windows 防火墙**。

5. 单击**更改设置**。

6. 取消选中**要阻止的程序或功能**旁边的复选框。

7. 取消选中**要阻止通信的网络位置**的复选框。

8. 单击**确定**按钮。

3.2　无线网络的安全性

无线网络是连接到互联网的便捷方式,尤其是使用笔记本电脑或平板电脑等移动设备。当搜索可用的无线网络时,一些连接是不安全的。不安全的网络不需要任何形式的身份验证就可将任何设备连接到无线网络,从而可以无限制地访问其他设备的数据和资源。无线连接具有与有线连接相同的安全问题。然而,无线连接不具有与有线连接相同的物理限制,它不需要两个设备进行物理连接。

因此,与使用未受保护的无线网络相关的潜在风险包括:

1. 窃听者:访问和阅读用户的数据以查找敏感或机密信息的人。

2. 网络劫持者:采取网络通信控制的人。

3. 中间人:观察通信和收集传输数据的人。

安全的网络是由网络管理员设置安全密码和加密的网络。用户登录前需要安全网络的认证。

无线网络安全性的类型

实现无线网络的安全可防止未经授权访问无线网络和连接的设备。

常见的无线网络安全性类型包括:

● 有线等效保密(WEP)

WEP 是无线网络使用的一种安全标准。它仍然可用于支持旧设备,但不再推荐使用它。WEP 使用网络密钥来加密,通过网络从一台计算机发送到另一台计算机的信息,使用此标准发送的加密信息相对容易破解。

● Wi-Fi 保护访问(WPA)

WPA 加密是在两台连接的设备之间交换信息,并且确保网络安全密钥不容易被获取。WPA 对用户进行身份验证,并仅授权这些经过身份验证的用户连接到无线网络并与该网络上的其他设备交换数据。

WPA 认证有两种类型:WPA 和 WPA2。WPA 旨在与所有无线网络适配器配合使用。WPA2 比 WPA 更安全,但它可能不适用于较旧的路由器、接入点和网络适配器。

● 媒体访问控制(MAC)地址过滤

每个网络接口控制器(网络适配器)都具有唯一的 48 位硬件标识符(MAC 地址)。该值可以设置为无线网络安全设置允许的过滤器列表,只允许来自这些设备的连接。然而,黑客可以在其设备上设置一个有效的地址来连接和访问网络。

● 服务集标识符(SSID)隐藏

每个无线接入点具有播送的服务集标识符(SSID),其无限制地允许无线设备搜索和识别可用的无线网络。无线设备使用此 SSID 通过无线网络的接入点创建连接。隐藏 SSID 使得这个接入点对每个设备都是不可见的。但是,可用软件工具来显示隐藏的 SSID。

允许访问互联网的公共无线网络比较方便,但如果公共无线网络不安全,则连接到网络可能有风险。只要有可能,在允许连接到网络之前连接使用网络安全密钥或具有某种形式安全性的无线网络,例如用于认证的数字证书。这些要求可防止未知用户损坏连接到该网络和设备。

在可用无线网络列表中,每个不安全的网络无线接入(或连接)点将被标记;因此,SSID 不被隐藏。如果用户连接到不安全的网络,请注意,黑客可以看到用户所做的一切,包括用户访问的网站、发送和接收的文件以及使用的用户名和密码。

使用个人热点

个人热点为用户提供了一种使用智能手机或平板电脑分享互联网连接的方式。目前多数移动设备具有此功能。在移动设备上启用此功能会将设备转换为无线接入点，类似于 Wi-Fi 接入点。具有 Wi-Fi 接入的设备只要在范围内将能够访问个人热点。

与 Wi-Fi 接入点相比，个人热点有一些限制和约束。例如，与个人热点进行同时连接的数量是有限的。此外，在互联网使用个人热点传输数据可能与智能手机的数据计划相抵触。

启用个人热点（智能手机）

启用个人热点（Android）：

1. 选择**设置**图标。

2. 选择个人热点。

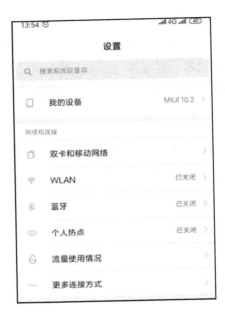

3. 选择设置 WLAN 热点。

4. 输入热点的**网络名称**和**密码**。

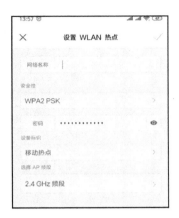

5. 按√保存。

6. **按便携式 WLAN 热点**开关。

连接到个人热点：

1. 选择**设置**图标。

2. 选择 **WLAN**。

3. 按开启 **WLAN** 开关。

4. 选择热点名称。

5. 输入密码。

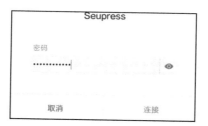

6. 按**连接**键。

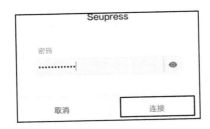

禁用个人热点

1. 选择**设置**图标。

2. 选择**个人热点**。

3. 按**自动关闭热点**开关。

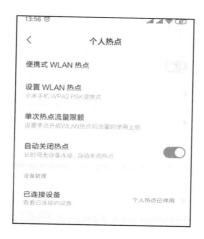

通过使用类似于上面列出的步骤，可以使用 IOS 设备启用安全热点。通过**设置→个人热点→开启**或**关闭**个人无线热点滑块实现。设备可以通过 Wi-Fi、蓝牙或 USB 连接到热点。

3.3 复习及练习

1. 下列哪一项不属于一个类型的网络？（   ）

   a. 广域网

   b. WAP

   c. LAN

   d. VPN

2. 以下哪项不是防火墙的功能？（   ）

   a. 减少恶意软件入侵的可能性

   b. 阻止未经授权的来源的数据

   c. 加密信息

   d. 过滤传入信息

3. 列出连接到网络的安全隐患。

_____

_____

_____

_____

4. 在无线网络的安全性方面,WPA 是(　　　)。

   a. 工作协议访问

   b. 无线保护访问

   c. Wi-Fi 协议访问

   d. Wi-Fi 保护访问

第 4 课

访 问 控 制

在本节中,用户将了解到:
- 访问控制方法
- 密码管理

4.1 访问控制方法

防止未经授权的数据访问

黑客一直在寻找窃取个人和机密信息的方法,并且为了个人利益攻击网络和计算机系统。有许多方法可以保护用户避免受到各种恶意软件攻击或私人信息被窃取。以下是防止未经授权访问用户的计算机系统的一些方法。

密码

需要为网络中所有的计算机系统设置密码。这有助于确保只有授权用户才能够访问计算机系统和网络。

必须严格执行密码策略,以防止密码破解和登录凭据被盗用。

PIN(个人识别码)

PIN 是用户登录系统时使用的一种数字密码。它通常用于借记卡或 ATM 卡。这种类型的密码也用于其他场所,例如,解锁门或移动设备(如智能手机和平板电脑等)。

加密

加密是对数据或信息进行编码的过程,以便只有得到授权的用户才可以读取信息。在数据被未经授权的用户拦截的情况下,拦截器需要首先解密数据,才能读取数据。

在加密过程中,使用算法对明文数据进行加密,以生成只能在解密时才能读取的密文。密钥由数据的发起者提供给授权的接收者。然后,授权用户可以使用密钥对数据进行解密并读取信息。

多因素认证

通过多因素身份验证,用户只有在成功呈现两种或多种身份验证方法时,才可以访问系统。

通常,需要至少两种以上类型的身份验证:

- 使用密码、PIN、图案。
- 使用令牌、身份证、扫描卡。
- 使用生物识别安全技术,如面部识别、指纹扫描仪、语音识别和虹膜扫描仪。

一次性密码

一次性密码(OTP)是一种仅对一次交易或登录会话有效的密码。这种类型的密码只能在有限的时间内使用一次,通常持续几分钟。与传统的静态密码不同,即使黑客能够记录一次性密码,也不能重复使用,因为授权用户登录系统后此密码即不再有效。

网上银行交易通常需要一次性密码。例如,可以使用短信通知登录网上银行服务。

生成 OTP 的另一种方法是使用诸如下面所示的安全设备,能生成用作第二级认证的随机 PIN。

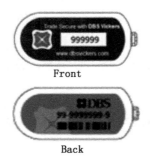

Front

Back

网络账户

用户需要网络账户访问网络。用户及其网络账户被分配了权限,这决定了用户可以在网络上做什么。

如果用户的网络账户是管理员组的一部分,用户将被允许添加到 Windows 中的组。建议用户在不使用网络账户时从网络账户注销,以防止意外或故意损坏数据。

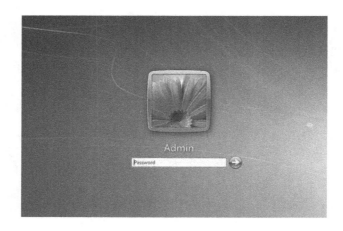

Windows 登录屏幕

生物识别安全技术

生物识别安全技术是一种用于保护物理和数字数据的安全方法。指纹、虹膜、视网膜、言语、面部特征、行为和生理学的其他方面都可用于生物特征认证，以管理对计算机系统或物理空间的访问。指纹扫描、面部识别和语音识别是个人、公司和军事设施经常使用的三种生物识别技术。

● 指纹扫描

指纹扫描有时用于笔记本电脑、台式电脑和闪存驱动器。指纹认证是使用生物识别技术进行认证的最流行和最便宜的方法。

指纹读取器或扫描仪记录组成指纹的独特系列线、螺纹和拱形，仅允许具有统计学意义的匹配的指纹登录到系统或网络。

● 手型识别

手型识别通过沿着多个维度测量用户的手并将其与存储的测量值进行比较来识别用户。自 20 世纪 80 年代以来一直使用，可以说它是第一个广泛使用的生物识别技术。

虽然手型识别目前仍然是一种受欢迎的生物识别技术，但是指纹扫描等其他生物识别技术都已经超越了它。

● 面部识别

面部识别认证是一种安全技术，用于记录和测量用户的面部特征，例如眼睛之间的距离、颧骨的高度和附加特征。仅当模板图像被有效地捕获时，面部识别系统才能提供更高的安全级别。因此，如果要使用面部识别安全软件，请确保使用适当的照明和对焦来创建模板图像。

● 语音识别

语音识别通过将人的语音模式与模板记录相匹配来起作用。语音识别与言语识别不一样，因为所说的话并不像他们所说的方式那样重要。

语音识别安全软件的一个问题是，它不考虑由于情绪状态、疾病或其他原因造成的语音变化。

4.2 密码管理

良好的密码策略

为了保护计算机系统免受未经授权的使用和数据窃取，所有用户必须制订良好的密码策略并持续实施。良好的密码策略应包括以下准则：

- 始终使用至少 8～12 个字符长度的复杂密码，密码中应包括大小写、数字和特殊字符。
- 避免使用字典中查找的字。
- 相对定期更改密码。
- 避免使用包括用户的个人信息作为密码，例如姓名、出生日期或配偶姓名。
- 切勿保留"admin""root"或"password"等默认用户名和密码。
- 考虑使用密码管理器软件，而不是在粘贴便签等上面写下密码。
- 不要对不同的服务使用相同的密码。
- 不要向任何人透露或分享用户的密码。

密码管理软件

密码管理器帮助用户将登录信息存储到各种站点，并帮助用户自动登录这些站点。一些密码管理器也可能允许用户生成复杂的密码。

尽管方便，但也有很多人批评密码管理器，因为如果用于访问密码管理器的密码遭到破坏，那么用户的所有密码都会泄露。对许多人来说，这是一个有用的工具，但要注意，它们不是绝对安全的。

不同的密码管理器包括 Dashlane、LastPass 和 KeePass。

http://www. dashlane. com

http://www. lastpass. com

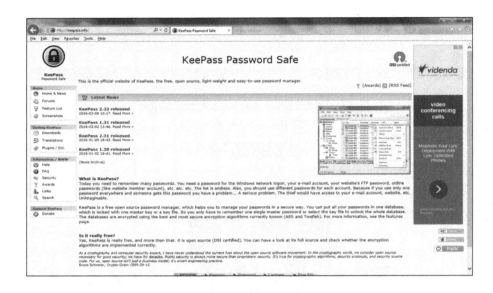

http://www.keepass.info

4.3 复习及练习

1. 下列哪一项不属于一个类型的验证?（　　　）

   a. 我所知道的东西

   b. 我所拥有的东西

   c. 我的身份

   d. 我所相信的东西

2. 数据加密后,收件人需要什么来读取数据?（　　　）

   a. 一个密码

   b. 一把密钥

   c. 一封确认电子邮件

   d. 都不是

3. 下列哪一项不是生物识别安全技术?（　　　）

   a. 指纹扫描

b. 面部识别

c. 一次性密码

d. 语音识别

4. 转到以下网页来测试密码的安全性：http://howsecureismypassword.net/。

示例：使用密码"password"进行测试。

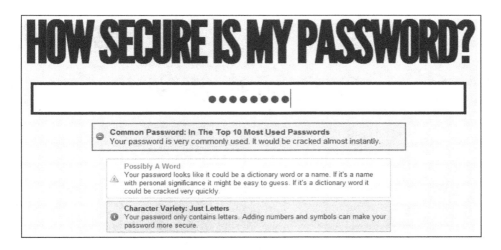

第 5 课

安全网络使用

在本节中，用户将了解到：
- 浏览器设置
- 安全浏览

5.1　浏览器设置

设置自动完成选项

大多数浏览器都有自动填充或自动完成功能，可以保存用户名、密码和其他信息，然后用户可以使用它们自动填写在线表单。例如，当登录到经常使用的网站时，用户的用户名和密码将在网页加载时自动填写。在个人电脑上使用时，这是一个省时的功能。

但是，使用共享或公共计算机时，用户应该不希望保存此信息供任何人使用。在这种情况下，就要禁用某些自动完成功能。

1. 在 **Internet Explorer** 中，单击**工具**菜单。
2. 单击 **Internet 选项**。
3. 选择**内容**选项卡。
4. 单击**自动完成**部分中的**设置按钮**。

5. 选中或取消选中相应的选项。

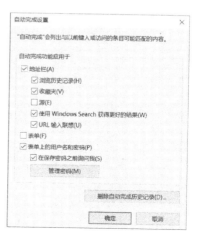

6. 单击**确定**按钮关闭**自动完成设置**对话框。

7. 单击**确定**按钮。

从浏览器清除私人数据

Internet Explorer 存储有关用户访问的网站信息，以及网站经常要求用户提供的信息（例如用户的姓名和地址）。

Internet Explorer 存储以下类型的信息：

● Internet 临时文件。

● Cookies。

● 用户访问过的网站的历史记录。

● 用户输入到网站或地址栏的信息。

● 保存的网络密码。

如果用户使用的是公共电脑，并且不希望留下任何个人资料，则需要删除该信息。

1. 在 Internet Explorer 中，单击**工具**菜单。

2. 单击**删除浏览历史记录**。

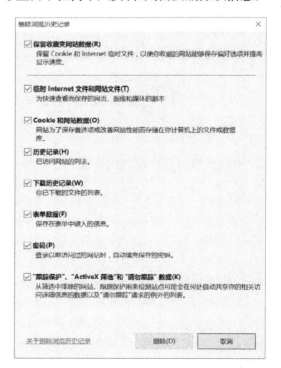

3. 选择要清除的选项。

4. 单击**删除**按钮。

5.2 安全浏览

只要网页提示,要求用户提供敏感信息,用户就需要确认页面是否安全。识别安全网络连接的能力是非常重要的,因为网络欺诈案件每年都在大幅增加。

在线活动,如在线购物或金融交易,只能在安全网页上进行。

用户可以使用以下措施审查网站的安全性:

● **内容质量**

内容质量通常是网站是否合法的良好指标。这可能包括语法和书面材料是否有错误。如果网站在相当长的一段时间内没有更新,或者涉及敏感数据,则使用其服务可能不安全。

● **有效的 URL**

如果一家公司通过 Amazon 等主机网站销售商品,那么可以检查它们的网址是否链接到真实的网站。

● **公司或所有者信息**

如果一家企业只有很少或没有关于公司或其任何员工的信息,那么其有可能没有以合法的方式运作。虽然有些企业可能不会提供自己的信息,但有良好的意图,如果用户遇到这样的网站,建议保持警惕,应该看看这个网站提供了什么样的联系信息(如果有的话)。

● **检查安全证书和验证域名所有者**

通过单击地址栏中的锁定图标,然后单击**查看证书**,可以在 Internet Explorer 中检查网站的安全证书。域名所有者也可以通过使用"www. mywot. com" "Web of Trust"等网站进行验证。

域欺骗

在一个域欺骗骗局中,受害者的电脑或服务器感染了恶意代码,将其重新引导到虚假网站。它类似于网络钓鱼,因为它使用虚假的网站来骗取并收集机密数据。在域欺骗中,即使输入正确的网址,受害者也被重新定向到一个虚假的网站。

使用 DNS 中毒是实现域欺骗的一种方式。在 DNS 中毒攻击中,服务器中的域名系统表被修改,以致用户被自动重新定向到欺诈网站。

下图显示了如何进行一次典型的域欺骗。

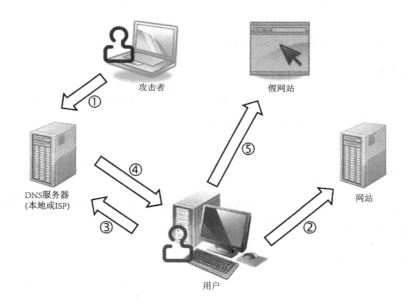

1. 攻击者瞄准 DNS 服务,例如由 ISP 托管的 DNS 服务。攻击者将网站的 IP 地址更改为包含网站虚假版本的 Web 服务器的 IP 地址。

2. 用户想浏览网站,并在网络浏览器中输入地址。

3. 用户的计算机向 DNS 服务器查询网站的 IP 地址。

4. 由于 DNS 服务器已"中毒",因此将虚假网站的 IP 地址返回给用户的计算机。

5. 现在,用户电脑将中了病毒的响应解释为正确的网站 IP 地址。结果,用户被骗访问由攻击者控制而非原始网站控制的假网站。

内容控制软件

内容控制软件的设计和优化是为了控制用户在浏览网页时允许访问的内容。它也被称为检测软件或过滤软件。

检测软件或过滤软件的类型包括:

● 客户端过滤器

这是一个安装在个人计算机或笔记本电脑上的软件,可以定制。只有知道密码的人员才能禁用该过滤器。父母经常使用这些应用程序来控制儿童访问因特网。

● 基于浏览器的过滤器

基于浏览器的内容过滤通常可以添加到浏览器的插件来执行。

● 内容限制(或过滤)的 ISP

一些互联网服务提供商(ISP)只能访问 Web 内容的一部分。可以访问哪些内容由 ISP 决定,而不是用户。

● 搜索引擎过滤器

许多搜索引擎为用户提供了打开安全过滤器的选项,该过滤器会从所有搜索结果中过滤出不正确的链接。

5.3 复习及练习

1. 如何识别一个安全的网站?

2. 打开浏览器并删除所有 Internet 临时文件。

3. 在 http://www.mywot.com/网站上访问可信任的网站并查看以下网站的声誉：

a. www.amazon.com

b. goldenpalace.com

c. whitehouse.com

第 6 课

通 讯

在本节中,用户将了解到:

- 电子邮件
- 社交网络
- VoIP 和 IM
- 移动安全性

6.1 电子邮件

电子邮件是许多个人和组织的重要工具。然而,有大量与使用电子邮件相关的安全注意事项。用户可以采取措施确保电子邮件内容安全,并验证电子邮件发件人的身份。用户还需要了解与电子邮件相关的潜在危险,例如欺诈、垃圾邮件、网络钓鱼和恶意软件。

加密和解密电子邮件

加密电子邮件保护内容不被非预期的收件人读取时,可将文本从可读纯文本转换为密文,用于保护消息的隐私。只有拥有与用于加密消息的公钥相匹配的私钥的接收者才能解密该邮件并阅读。任何没有相应私钥的收件人只会看到乱码文本。

在 Microsoft Outlook 2013 中加密单个邮件:

1. 撰写新邮件。
2. 单击**文件**选项卡。

3. 单击**属性**。

4. 单击**安全设置**按钮。

5. 勾选**加密邮件内容和附件**复选框。

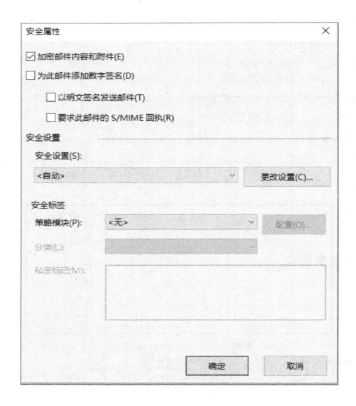

6. 单击**确定**按钮。

7. 单击**关闭**。

要加密 Microsoft Outlook 2013 中的所有传出邮件：

1. 单击**文件**选项卡。

2. 单击**选项**。

3. 单击**信任中心**。

4. 单击**信任中心设置**。

5. 单击**电子邮件安全性**。

6. 在**加密电子邮件**下，勾选**加密待发邮件的内容和附件**复选框。

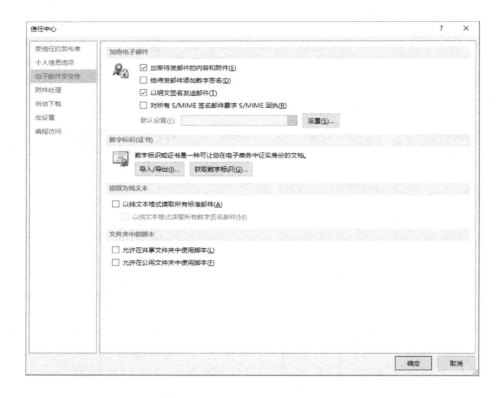

7. 单击**确定**按钮。

数字签名

数字签名是应用于消息的唯一数字标记。数字签名包括用户的证书和公钥。此信息向收件人证明用户签署了该消息的内容，并不是冒名顶替者，并且内容在传输过程中没有被更改。

下图显示了如何应用简单的数字签名，然后验证：

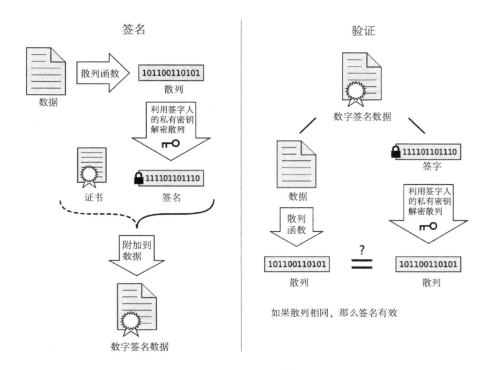

如果用户在一个大型组织工作,雇主可能已经为用户申请了数字身份证。如果用户想获得数字 ID 供自己使用,可以从发布和维护数字 ID 服务的公司中自己注册一个。

收到欺诈和未经请求的电子邮件

您可能是社交网络、网上银行或日常购物网站的用户。需要注意一些声称来自这些网站的电子邮件,它们实际上可能是骗局,并可能包含恶意内容。

用户可能会收到一封声称来自银行的电子邮件,但实际上是被垃圾邮件发送者发送的,目的是获取信息,比如用户的在线用户名和密码。同样,声称是社交网站(如 Twitter 和 Facebook)的邀请函的电子邮件现在也是司空见惯。电子邮件中甚至可能包含一个附件的 ZIP 文件,要求收件人打开。此附件可能会有一个群发邮件蠕虫,损坏用户的计算机。

From: ANZ Online Banking
To:
Cc:
Subject: Important message for ANZ Internet Banking customers

Dear Valued Customer,

This email was sent by the ANZ server to verify your e-mail ad-dress. You must complete this process by clicking on the link below and entering in the small window your ANZ Customer Reg-istration Number and Password. This is done for your protection, because some of our members no longer have access to their e-mail addresses and we must verify it.

To verify your email address and access to your bank account click on the link below:

http://www.anz.com/inetbank/bankmain.asp

Thank you for using ANZ!

不请自来的电子邮件或垃圾邮件,有时是相对无害但令人厌烦的大众营销形式。然而,垃圾邮件也被用于诈骗。这些类型的电子邮件吸引了毫无戒心的用户,例如,提出一种商业安排,可以赚很多钱。用户被要求向骗子发送相对少量的钱,然后骗子们会不断索要,同时承诺用户最终会收到更多的钱。其他类型的电子邮件警告用户的电脑中有病毒,并诱骗用户安装恶意软件。在某些情况下,用户被说服将电子邮件转发给所有联系人以换取金钱,其实这只是将电子邮件传播给尽可能多的人的一种策略。

垃圾邮件发送者也可以使用这些策略来收集电子邮件地址,然后来发送更多的垃圾邮件。一些垃圾邮件发送者也可能使用用户的电子邮件地址来分发垃圾邮件并进行各种欺诈。

这些电子邮件的常见功能包括:

● 请求将电子邮件转发给他人。
● 其他人赢得了奖金或现金的无根据的声明。

网络钓鱼

网络钓鱼是一种以欺诈手段从被害人处获取私密信息的社会工程攻击。在这种类型的攻击中,电子邮件似乎来自合法商业来源(如银行或其他金融机构),被用来欺骗用户将信息提供给攻击者。它们经常使用公司的标志和品牌,并尽可能地展现出合法性。通常,网络钓鱼电子邮件包括与合法网站非常相似的虚假网站的链接。如果受害者没有提供所要求的信息,一些网络钓鱼电子邮件会警告可怕的后果。

除了窃取个人和财务信息之外,攻击者可能会使用这种技术将病毒和其他恶意软件分发给不知情的用户。

网络钓鱼攻击的整个过程如下图所示:

- **计划**

网络钓鱼攻击的肇事者决定对哪个公司或组织进行欺骗,并找出如何获取该公司的客户电子邮件地址列表。所使用的群发邮件和地址收集技术的使用与垃圾邮件发送者使用的方法类似。

- **设置**

一旦攻击者将某公司识别为欺骗及其受害者,他们将准备电子邮件传递、数据收集方法和工具。

- **攻击**

在这一点上,肇事者将欺骗的电子邮件发送给预期的受害者。这些邮件似乎来自合法来源。

● **收集**

受害者输入虚假网页的信息被收集和记录。

● **身份盗窃和欺诈**

利用从受害者那儿收集的信息,肇事者开始非法购买或从受害者的账户转移资金。

网络钓鱼电子邮件是犯罪行为,许多政府都为此类事件分配了专门的电子邮件地址和负责单位。用户可以向被欺诈性使用的企业报告钓鱼邮件,并可向相关政府机构报告。

电子邮件和恶意软件

电子邮件附件和链接是在计算机上安装恶意软件的常用方法。因此,当用户收到电子邮件正文中具有附件或链接的电子邮件时,请务必了解该如何处理。

附件可以是以下选项之一:

1. 电子邮件中指定的实际文件或文档。
2. 其中嵌入恶意软件的预期附件的副本(带有宏或可执行的文件)。

如果用户有任何疑问,请勿打开附件。与发件人核实是否是他发给用户的,或者直接删除邮件!

6.2 社交网络

社交网络是与朋友、同事和拥有相似兴趣的人聚会和交流的绝佳工具。它们可以用于职业社交和求职,作为一种产生销售收入的手段、一种表达意见的方式或是一种与朋友聊天的方式。但是,使用这些在线服务存在安全隐患。

在某些情况下,用户会有匿名使用的错觉,可能会无意中分享私人信息,然后再被公众查看。

使用社交网站时的潜在危险包括:

- 网络欺凌。
- 网络诱拐。
- 误导或危险的信息。
- 虚假身份。
- 欺诈性链接或信息。
- 社交网络共享。
- 隐私设置。

网络欺凌

网络欺凌是利用互联网和相关技术对个人进行骚扰、威胁、羞辱或攻击。虽然经常与孩子或年轻人联系在一起,但任何人都可能受到网络欺凌。

网络欺凌有时候比较明显。例如,一条短信、一条推特或者对社交网络评论的回复,如果是严厉的、刻薄的或者残忍的,都可能构成网络欺凌。其他形式的网络欺凌则不太明显,例如,在网上模拟受害者或在网上发布潜在的破坏或泄露个人隐私的信息。

网络诱拐

儿童和青少年越来越多地参与到网络世界,其中许多人拥有多个社交网络账户或个人资料。这些资料通常包含个人信息,如家庭住址和电话号码。犯罪者可以使用这些信息与孩子接触，而他们的目的是恶意的，通常假装成另一个孩子，即使他们是成年人。

犯罪者与孩子接触，建立关系、发展信任，然后，利用这种信任来试图对孩子进行诱拐，这被称为网络诱拐。

误导或危险的信息

不要轻易相信用户在网上看到的一切。人们可能会发布关于一系列话题的虚假或误导性信息，包括他们自己的身份，这可能不是恶意的，但是，用户应该在自动相信或采取任何行动之前，尝试验证任何信息的真实性。

虚假身份

互联网使人们容易隐藏自己的身份和动机。在社交网络上限制被允许与用户联系的人可能是明智的。如果用户与不了解的人进行互动，请注意自己透露的信息量，并且在与他人见面时要非常小心。

欺诈性链接或消息

社交网络服务的用户可以发送可能包括嵌入式链接到其他社交网络位置甚至外部站点的消息。社交网络垃圾邮件发送者可以使用这些工具来定位特定类型的用户，或者从伪装成真实人物的账户发送邮件。这些消息可能包括色情网站或其他旨在出售某些内容的网站的嵌入式链接。

同样重要的是，网络欺诈严重的话可以向社交网络服务商报告，也可以向执法机构报告。

社交网络共享

在用户发布社交网络之前，应该始终考虑谁能够阅读用户所发的帖子。

例如,在 Facebook 页面的顶部,有一个"**更新状态**"框。在这里,用户可以发布其对任何话题的想法、图片和视频。在状态框下方,用户可以选择其希望帖子是私有的还是公开的。

Facebook 朋友是在 Facebook 上添加到用户的朋友列表中的任何人,并且可以查看用户在该网站上发布的某些信息。根据用户的安全设置,其 Facebook 上的朋友可以看到用户的照片、职业头衔、出生日期、玩的游戏、组成人员等。用户可以通过更改安全设置来选择谁可以查看他的信息。

隐私设置

在使用社交网络时,保护自己的一个重要方法是应用适当的隐私设置。这些设置通常将允许用户控制哪些人查看他的个人资料以及与谁进行互动。

例如,Facebook 允许用户管理帖子和应用程序链接的隐私。

进行隐私设置:

1. 登录到用户的 Facebook 账户。

2. 单击 **Home** 链接旁边的下拉箭头。

3. 单击隐私快捷按钮 ▣目 。

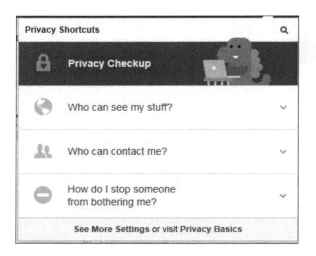

4. 单击 **See More Settings or visit Privacy Basics** 选项。

Privacy Settings and Tools			
Who can see my stuff?	Who can see your future posts?	Public	Edit
	Review all your posts and things you're tagged in		Use Activity Log
	Limit the audience for posts you've shared with friends of friends or Public?		Limit Past Posts
Who can contact me?	Who can send you friend requests?	Everyone	Edit
Who can look me up?	Who can look you up using the email address you provided?	Everyone	Edit
	Who can look you up using the phone number you provided?	Everyone	Edit
	Do you want search engines outside of Facebook to link to your profile?	Yes	Edit

5. 单击 **Privacy Settings and Tools** 选项卡。此选项允许用户设置哪些人可以查看他的联系方式，以及谁可以向他发送朋友请求和消息。

6. 选择相应的选项。

7. 在 **Timeline and Tagging** 下，用户可以设置状态更新、图片和其他可以标记项目的选项。

Who can add things to my timeline?	Who can post on your timeline?	Friends	Edit
	Review posts friends tag you in before they appear on your timeline?	Off	Edit
Who can see things on my timeline?	Review what other people see on your timeline		View As
	Who can see posts you've been tagged in on your timeline?	Friends of Friends	Edit
	Who can see what others post on your timeline?	Friends	Edit
How can I manage tags people add and tagging suggestions?	Review tags people add to your own posts before the tags appear on Facebook?	Off	Edit
	When you're tagged in a post, who do you want to add to the audience if they aren't already in it?	Friends	Edit
	Who sees tag suggestions when photos that look like you are uploaded?	Friends	Edit

在社交网站发布之前，请注意用户帖子的位置设置。可以使用位置标记更新，例如使用 Facebook 上的 check in 功能，但这可能会危及个人安全。

6.3 IP 语音(VoIP)和即时消息(IM)

IP 语音(VoIP)是一种允许通过互联网传送语音通信会话的技术。VoIP 是一种与某人交谈非常有用和具有成本效益的方式。类似的，即时消息(IM)是另一种互联网服务，它提供了一种通过文本与另一个人实时通信的简单方式。但是，使用这些服务有一些安全注意事项。

● **恶意软件**

恶意软件可以针对特定的应用程序进行扩展。

- **后门访问**

  可以通过允许安全措施(如防火墙,绕过 IM 和 VoIP 中的漏洞)来访问用户的系统。

- **访问文件**

  通过 IM 传播的一些病毒会使计算机上的文件共享成为可能,从而允许黑客获得完全访问权限。

- **窃听**

  IM 和 VoIP 易受监控,除非它被加密。

用户可以使用各种策略来确保使用 IM 和 VoIP 时的机密性:

- **加密**

  数据加密是确保使用 IM 和 VoIP 时的安全和隐私的最佳解决方案。许多知名的 IM 和 VoIP 服务和客户端已经使用加密。

- **不披露重要细节**

  不要通过 IM 或 VoIP 公开个人和敏感的细节。如果通过 IM 网络传输的数据未被加密,网络嗅探器则可以使用嗅探大多数类型网络上的数据来捕获即时消息流量。这可能会使黑客获得特权信息。

- **限制文件共享**

  避免通过 IM 网络共享文件,因为这可能被拦截。

6.4 移动安全性

智能手机和其他移动设备(如平板电脑)越来越多地用于存储个人和商业信息,移动设备越来越成为黑客攻击的目标,因此移动安全性对于数据安全至关重要。

这些黑客一般采用网络钓鱼、蓝牙劫持和中间人攻击等技术。然而,移动设备成为攻击目标的主要方式之一是通过恶意应用程序,这些恶意应用程序正在迅速开发,并且正在向易受攻击的智能手机和其他移动设备传播。使用诸如 iTunes 或 Google Play 的官方应用商店,可以防止安装恶意软件。

如果用户使用来自非官方来源的移动应用程序,则会产生特定的风险:

- 移动恶意软件可以利用非官方应用商店中缺乏的相关技术支持和质量控制,因此从非官方来源下载更有风险。
- 来自非官方来源的应用程序也可能未经过全面测试和质量认证,并可能会降低移动设备和其他应用程序的性能,导致设备不稳定。
- 这些应用程序在用户不知情的情况下也可以自动获得访问个人数据的权限,例如联系人、图像和位置。

来自非官方来源的应用程序也更有可能含有隐藏文件。例如,用户可能会不知不觉地注册或在应用程序内购买。

移动应用程序可以从设备中提取私人信息,例如位置历史记录、当前位置、图像、联系方式等。许多应用程序会列出它们想要访问的项目。重要的是在下载之前和下载过程中查看应用程序权限,以准确地了解访问应用程序将产生什么影响。

移动应用程序可以请求许可数据,包括用户的联系人详细信息、使用设备的 GPS 功能记录的位置信息,以及图像和视频。根据应用程序的不同,这些请求可能是合理的,但用户应该始终考虑允许应用程序访问数据的风险。

如果用户的移动设备丢失或被盗,根据所拥有的操作系统和应用程序,用户可以采取各种紧急或预防措施。

- **远程禁用**。可以在设备上安装或启用此功能,以便远程禁用。数据将保留在设备上,但用户将无法访问。如果用户认为其设备已被盗,此功能很有用。
- **远程擦除**。可以在设备上安装或启用此功能,以便从设备中远程删除数据。
- **找到设备**。此功能允许用户找到设备的当前位置。它使用设备的 GPS 功能来跟踪和定位设备在地图上的位置。

紧急功能(Android)

例如,用户的手机丢失或被盗,可以登录到用户的 Google 账户找到手机,或远程擦除用户的手机数据。

1. 登录用户的 Google 账户。

2. 单击屏幕右上角的账户图标。

3. 单击**我的账户**。

4. 在登录和安全性下，单击**设备活动和通知**。

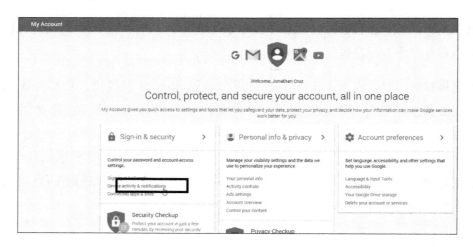

5. 在**最近使用的设备**下，选择**审阅设备**。

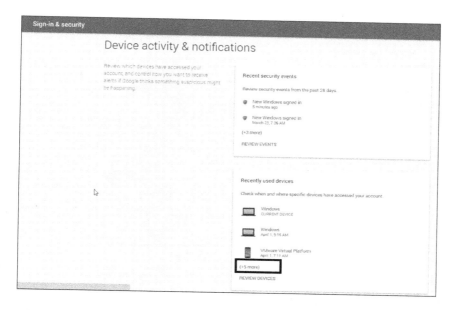

6. 选择要管理的设备。

7. 单击使用 **Android** 设备管理器查找您的 **Android** 设备。

8. 手机的位置显示在地图上。

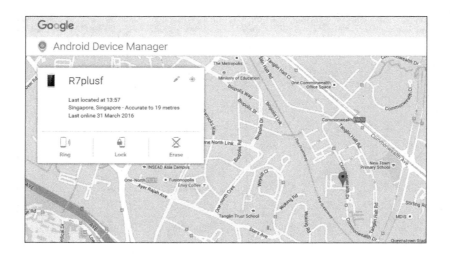

9. 用户可以使用任何提供的选项。

- 振铃，使设备振铃五分钟。
- 锁定，用新的密码锁更换设备锁定屏幕。

- 擦除，清除手机上的所有数据，并进行出厂设置。用户的所有应用和手机数据将被永久删除。

Erase all data?

This performs a factory reset on your device. Your apps, photos, music and settings will be deleted. After you erase the device, Android Device Manager will no longer work. This reset is permanent. We may not be able to wipe the content of the SD card in your device.

If your device is offline, we will perform the factory reset as soon as it goes online.

Cancel　　Erase

6.5　复习及练习

1. 一封电子邮件被发送给大量的收件人,要求他们核实其银行账户详细信息。这是一个关于什么的例子?(　　)

   a. 肩窥

   b. 网络钓鱼

   c. 加密

   d. 破解

2. 在社交网站上分享以下哪些细节被认为是不安全的?(　　)

   a. 昵称

   b. 图片

   c. 职业

   d. 家庭地址

3. 在用户不知情的情况下,将用户重新定向到不同的网站的过程称为(　　)。

   a. 破解

   b. 假托

   c. 域欺骗

d. 伦理黑客

4. 一个安全的网站可以通过网络地址来识别，它以如下开头（　　　）。

    a. wwws

    b. HTTPS

    c. HTML

    d. HTTP

5. 考虑以下问题：

    a. 你最喜欢的度假目的地是哪里？

    b. 你小学的名字是什么？

    c. 我最喜欢的宠物的名字是什么？

    通过回答以上问题，思考潜在的安全隐患是什么。

第 7 课

安全数据管理

在本节中,用户将了解到:
- 安全和备份数据
- 安全删除和销毁

7.1 安全和备份数据

在办公室和企业中，许多设备（包括个人电脑、笔记本电脑和手机）可能包含与公司有关的高度敏感数据，或者可以访问公司网络。如果有人获得这些设备，结果可能是灾难性的，可能会发生盗窃公司秘密、身份盗用和对公司网络的未经授权的访问。同样的威胁也会发生在用户自己的个人电脑、笔记本电脑或移动设备上。

用户可以采取一系列措施来增强用户或用户组织设备的物理安全性：

- 不要让没有保护措施的电脑或设备无人看管，这样可以减少被盗的可能性。这特别适用于易于被盗的移动设备，如笔记本电脑、智能手机和平板电脑，用户可能正在公共环境中使用这些设备。
- 记录项目和设备的详细信息和位置，例如个人电脑，这样可以轻松跟踪设备。
- 使用电缆锁安全地固定计算机和设备，特别是当公众可以访问工作区域时。
- 此外，可以通过使用访问控制措施（如刷卡或生物识别扫描）来确保工作区域的安全。这样可以防止未经授权的人员进入工作场所。

数据备份

避免重要数据丢失的一种方法是定期创建数据备份。由于意外或恶意删除，电源激增、磁盘损坏与火灾或洪水造成的物理损坏，重要数据可能会丢失。通过定期备份重要数据，用户至少可以恢复大部分数据。定期进行备份是很重要的。此外，备份的数据应与原始数据分开存储。这将确保如果某种形式的物理灾难损坏了原件，备份仍然安全。

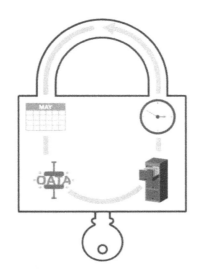

计划	尽可能在非高峰时段安排备份。系统使用率较低时,备份过程所需时间较短。用户需要仔细计划何时备份关键系统数据。
压缩	在备份期间压缩数据有助于减少文件的大小,以便可以使用比原始文件更少的内存来存储文件。解压缩后,文件将恢复原始大小。
位置	为了确保在出现自然灾害时备份不会丢失,备份的副本至关重要。用户还需要包含安装的所有软件的副本,以恢复和重新建立系统操作。
规律性	创建备份的频率取决于数据的价值以及数据变化的频率。例如,如果用户的数据每天更改,则可能会执行每日备份。

备份数据

目前,备份数据的方法有很多。用户不需要任何复杂的设备——可以使用 CD、DVD、外部硬盘驱动器、闪存驱动器、网络驱动器,或在线存储,如 Microsoft OneDrive,可以将数据备份到多个地方。例如,用户可以选择将内容备份到外部硬盘驱动器和在线存储站点上,或将数据备份到本地驱动器、外部驱动器、云服务等位置:

1. 单击**开始**按钮。

2. 单击**控制面板**。

3. 单击**备份和还原**按钮。

4. 单击**设置备份**。

5. 选择保存**备份的位置**(驱动器/网络),然后单击**下一步**按钮。

6. 选择要备份的数据或接受推荐的默认设置。

7. 选择**备份时间表**。

8. 保存**设置**，然后单击**备份**。

要从备份位置还原数据，例如本地驱动器、外部驱动器、云服务：

1. 单击**开始**按钮。

2. 单击**控制面板**。

3. 单击**备份和恢复**按钮。

4. 单击**还原我的文件**。

5. 使用**搜索**、**浏览文件或浏览文件夹**选择要还原的文件或文件夹（或项目）。

6. 单击**下一步**按钮。

7. 选择恢复**在原始位置**或**在以下位置**选择一个新的位置。

8. 单击**还原**按钮。

云备份

在线存储越来越多地被用作一种具有成本效益和可访问性的备份数据的方式。如果选择在线存储空间备份数据，Microsoft OneDrive 是可用的选项之一。Microsoft 为用户提供足够的存储空间来存储用户的电子邮件、日历和联系人。

要使用 **Microsoft OneDrive** 设置账户：

1. 访问网页 **https://onedrive.live.com**，然后单击**免费注册**。

如果用户使用 Outlook、Messenger 或 Xbox LIVE，则用户已经具有 Windows Live ID，可以用于登录到 OneDrive。

2. 单击**新建**，创建所需的文件夹。

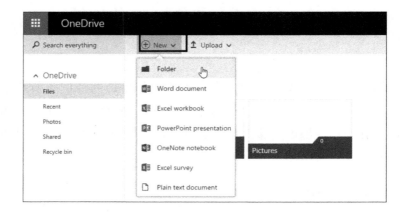

3. 单击**文件夹**。

4. 输入文件夹的名称,然后单击**"创建"**。

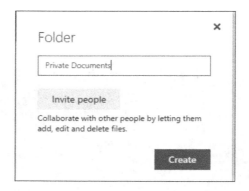

5. 单击用户刚创建的文件夹。

6. 将文件拖放到文件夹中,或单击**上传**按钮。

OneDrive for Windows 允许用户从计算机访问 OneDrive。当用户安装 OneDrive 时，用户的计算机上将创建一个 OneDrive 文件夹，并且用户的计算机和 OneDrive.com 之间的内容将自动保持同步，因此用户可以从几乎任何地方获取最新的文件。无论何时在一个位置添加、更改或删除文件，所有其他位置都将被更新。

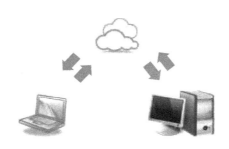

7.2　安全删除和销毁

当用户需要处理包含重要信息的存储设备时，必须采取适当步骤，以确保数据被永久擦除，并且未经授权的人员无法恢复。根据介质的类型，如 USB 或硬盘等磁性介质，或如 CD、DVD 等光学介质，必须采取各种步骤以确保不能恢复保留的数据。

数据保留是指即使在媒体"永久删除"之后仍然存在的数据。当用户删除文件时，通常将其移动到"垃圾箱"。用户可以清空"垃圾箱"，看似"永久删除"文件。但是，该文件实际上并没有被删除。该文件的一些残余物保留在磁盘上，直到文件占用的空间被写入其他数据。如果存储介质不妥善处理，数据泄露会使个人或公司面临身份盗用或敏感信息泄露的风险。

永久销毁数据的常用方法

● **粉碎文件**

含有敏感信息的纸张应该切碎，粉碎机的使用非常方便，专用碎纸机也可用于永久销毁 DVD 或硬盘等存储介质。

● 消磁

消磁是减少或去除磁盘或驱动器的磁场的过程,该过程使用被称为消磁器的专门设备。当应用于磁性介质时,消磁不加区别地擦除控制在介质上的写入数据或读取数据。

● 驱动器/介质销毁

通过物理破坏数据存储介质,尽管可能耗时长且相当麻烦,却是确保数据销毁和避免数据保留的最佳方式。破坏存储介质必须以彻底的方式进行,因为即使是小碎片也可能包含大量的数据。

具体的销毁技术包括:

1. 通过研磨、切碎等物理分解。
2. 焚烧。
3. 相变(固体盘的液化或蒸发)。
4. 将腐蚀性化学物质(如酸)用于介质表面。

使用数据破坏实用程序

磁性存储器(如计算机硬盘驱动器)可以通过使用"写入"或"擦除"过程的软件进行清理。USB"闪存盘"设备也可以这样清理。

该专用软件会覆盖所有可用的存储位置。大多数安全文件删除软件提供了或多或少的安全写入选项。考虑到多次重写操作,更安全的选项需要更多的时间。

一些在线服务,如社交网站、互联网论坛、博客和云服务,可能会允许用户删除信息,但这并不意味着它已被永久删除。有关公司和网站公布信息的行为仍然存在争议,即使在公共视图中被删除之后也是如此。在网上保持不断的警惕,有助于最大限度地减少在线共享信息的威胁,但要知道,即使用户已经从社交网站或论坛删除某些内容,也可能未被完全删除。

7.3 复习及练习

1. 以下哪项不是备份过程的特征？（   ）

   a. 规律

   b. 时间表

   c. 容量

   d. 位置

2. 以下哪项不用作备份方法？（   ）

   a. 网络驱动器

   b. 随机存取存储器

   c. Dropbox

   d. 闪存驱动器

3. 仍然存在的已删除数据的剩余痕迹称为（   ）

   a. 消磁

   b. 数据剩磁

   c. 数据永久性

   d. 索引

ICDL 课程大纲

参考	任务项目	位置
1.1.1	区分数据和信息	1.1　数据威胁
1.1.2	理解术语"网络犯罪""黑客"	1.1　数据威胁
1.1.3	识别来自个人、服务提供商、外部组织的数据的恶意、意外威胁	1.1　数据威胁
1.1.4	认识到特殊情况对数据的威胁，如：火灾、洪水、战争、地震等	1.1　数据威胁
1.1.5	识别使用云计算对数据的威胁，如：数据控制、潜在的隐私暴露	1.1　数据威胁
1.2.1	了解信息安全的基本特征，如：机密性、完整性、可用性	1.2　信息的价值
1.2.2	了解保护个人信息的原因，如：避免身份盗用和欺诈、维护隐私	1.2　信息的价值
1.2.3	了解在电脑和设备上保护工作场所信息的原因，如：防止盗窃、欺诈性使用、意外数据丢失、破坏	1.2　信息的价值
1.2.4	确定常见数据/隐私保护、保留和控制原则，如：透明度、合法目的、相称性	1.2　信息的价值
1.2.5	了解数据主题、数据控制器等术语及其与数据/隐私保护、保留和控制原则的应用关系	1.2　信息的价值
1.2.6	了解遵守 ICT 使用指南和政策的重要性，并指导如何访问这些指南和政策	1.2　信息的价值
1.3.1	了解术语"社会工程"及其影响，如：未经授权的计算机和设备访问、未经授权的信息收集、欺诈	1.3　个人安全
1.3.2	确定社会工程的方法，如：电话、网络钓鱼、肩窥	1.3　个人安全
1.3.3	理解身份窃取及其影响：个人、财务、商业、法律影响	1.3　个人安全
1.3.4	识别身份窃取的方法，如：信息挖掘（informationdiving）、侧录（skimming）、假托（pretexting）	1.3　个人安全

（续表）

参考	任务项目	位置
1.4.1	了解启用/禁用宏安全设置的效果	1.4 文件安全性
1.4.2	了解加密的优点和局限性。意识到不泄露或丢失加密密码、密钥证书的重要性	1.4 文件安全性
1.4.3	加密文件、文件夹、驱动器	1.4 文件安全性
1.4.4	为文件设置密码：文件、电子表格、压缩文件	1.4 文件安全性
2.1.1	理解术语"恶意软件"。识别恶意软件在计算机和设备上的不同隐藏方法，如：木马、rootkit、后门	2.1 恶意软件的类型
2.1.2	识别传染性恶意软件的类型，并了解其工作原理：病毒、蠕虫	2.1 恶意软件的类型
2.1.3	识别数据窃取、盈利性/勒索恶意软件的类型，并了解其工作原理：广告软件、勒索软件、间谍软件、僵尸网络、按键记录、拨号程序	2.1 恶意软件的类型
2.2.1	了解防病毒软件的工作原理及其局限性	2.2 保护
2.2.2	了解计算机和设备上应安装防病毒软件	2.2 保护
2.2.3	了解定期更新软件的重要性，如：反病毒、网络浏览器、插件、应用、操作系统	2.2 保护
2.2.4	使用防病毒软件扫描特定的驱动器、文件夹、文件。使用防病毒软件进行扫描	2.2 保护
2.2.5	了解使用过时和不受支持的软件的风险，如：更多的恶意软件威胁、不兼容性	2.2 保护
2.3.1	理解术语"隔离"和隔离感染/可疑文件的效果	2.2 保护
2.3.2	隔离、删除受感染/可疑文件	2.2 保护
2.3.3	了解可以使用在线资源诊断和解决恶意软件攻击，如：操作系统的网站、反病毒软件、网络浏览器软件提供商、相关部门的网站	2.2 保护
3.1.1	了解网络术语并识别常见的网络类型，如局域网（LAN）、无线局域网（WLAN）、广域网（WAN）、虚拟专用网（VPN）等	3.1 网络和连接
3.1.2	了解连接到网络对安全性有何影响，如：恶意软件、未经授权的数据访问、维护隐私	3.1 网络和连接

（续表）

参考	任务项目	位置	
3.1.3	了解网络管理员在管理身份验证、授权和鉴权、监控和安装相关安全修补程序和更新、监控网络流量以及处理网络中发现的恶意软件方面的角色	3.1	网络和连接
3.1.4	了解防火墙在个人、工作环境中的功能、局限性	3.1	网络和连接
3.1.5	打开、关闭个人防火墙。允许通过个人防火墙阻止应用、服务/功能访问	3.1	网络和连接
3.2.1	了解连接到网络对安全性有何影响，如：恶意软件、未经授权的数据访问、维护隐私	3.2	无线网络的安全性
3.2.2	了解网络管理员在管理身份验证、授权和鉴权、监控和安装相关安全修补程序和更新、监控网络流量以及处理网络中发现的恶意软件方面的角色	3.2	无线网络的安全性
3.2.3	了解防火墙在个人、工作环境中的功能、局限性	3.2	无线网络的安全性
3.2.4	打开、关闭个人防火墙。允许通过个人防火墙阻止应用、服务/功能访问	3.2	无线网络的安全性
4.1.1	了解连接到网络对安全性有何影响，如：恶意软件、未经授权的数据访问、维护隐私	4.1	访问控制方法
4.1.2	了解一次性密码及其典型用途	4.1	访问控制方法
4.1.3	了解网络账户的目的	4.1	访问控制方法
4.1.4	了解网络账户应通过用户名和密码进行访问，并在不使用时锁定、注销	4.1	访问控制方法
4.1.5	识别访问控制中使用的常见生物特征安全技术，如：指纹、眼睛扫描、脸部识别、手部特征	4.1	访问控制方法
4.2.1	识别良好的密码策略，如：足够的密码长度；足够的字母、数字和特殊字符混合；不共享密码；定期更改；不同的服务密码	4.2	密码管理
4.2.2	了解密码管理软件的功能、限制	4.2	密码管理
5.1.1	选择适当的设置以启用、禁用表格的自动完成、完成自动保存功能	5.1	浏览器设置
5.2.1	从浏览器中删除私人数据，如：浏览历史记录、下载历史记录、缓存的 Internet 文件、密码、Cookie、自动填充数据	5.2	安全浏览

参考	任务项目	位置	
5.2.2	了解某些在线活动(采购、银行业务)只能使用安全网络连接到安全网页上进行	5.2	安全浏览
5.2.3	了解如何确认网站真实性的,如内容质量、更新情况、有效网址、公司或所有者信息、联系信息、安全证书、验证域所有者	5.2	安全浏览
5.2.4	理解术语"网址嫁接"	5.2	安全浏览
6.1.1	了解加密、解密电子邮件的目的	6.1	电子邮件
6.1.2	了解术语"数字签名"	6.1	电子邮件
6.1.3	识别可能的欺诈性电子邮件、未经请求的电子邮件	6.1	电子邮件
6.1.4	识别网络钓鱼的常见特征,如:使用合法组织、人员;虚假网络链接、徽标和品牌名称;鼓励披露个人信息	6.1	电子邮件
6.1.5	请注意,您可以向合法组织、相关部门报告钓鱼行为	6.1	电子邮件
6.1.6	了解打开包含宏或可执行文件的电子邮件附件时,计算机或设备可能存在感染具有恶意软件的危险	6.1	电子邮件
6.2.1	了解在社交网站上不披露机密或个人身份信息的重要性	6.2	社交网络
6.2.2	了解有必要正确设置社交网络账户并定期审查设置,如账户隐私、位置	6.2	社交网络
6.2.3	设置社交网络账户:账户隐私、位置	6.2	社交网络
6.2.4	了解使用网络霸凌、诱拐、恶意泄露个人内容、虚假身份、欺诈或恶意链接、内容和消息等的社交网站的潜在危险	6.2	社交网络
6.2.5	请注意,您可以向服务提供商相关主管部门报告不当的社交网络使用或行为	6.2	社交网络
6.3.1	了解即时消息(IM)和 IP 语音(VoIP)的安全漏洞,如恶意软件、后门访问、文件访问、窃听等	6.3	IP 语音(VoIP)和即时消息(IM)
6.3.2	识别在使用 IM 和 VoIP 时保密的方法,如:加密、不泄露重要信息、限制文件共享	6.3	IP 语音(VoIP)和即时消息(IM)
6.4.1	了解从非官方应用商店使用应用程序的可能的不良影响,如:移动恶意软件、不必要的资源利用、个人数据访问、质量差、隐藏扣款	6.4	移动安全性

参考	任务项目	位置
6.4.2	了解术语"应用权限"	6.4　移动安全性
6.4.3	请注意,移动应用可以从移动设备中提取私人信息,如:联系方式、位置记录、图像	6.4　移动安全性
6.4.4	如果设备丢失,请注意采取紧急和预防措施,如:远程禁用、远程擦除、设备定位	6.4　移动安全性
7.1.1	了解确保计算机和设备的物理安全的方法,如:不要无人值守、记录设备的位置和细节、使用电缆锁、访问控制	7.1　安全和备份数据
7.1.2	认识到在计算机和设备可能丢失数据的情况下备份的重要性	7.1　安全和备份数据
7.1.3	了解备份过程的功能,如:周期/频率、进度、存储位置、数据压缩	7.1　安全和备份数据
7.1.4	备份数据到一个位置,如:本地驱动器、外部驱动器/媒体、云服务	7.1　安全和备份数据
7.1.5	从备份位置(如:本地驱动器、外部驱动器/介质、云服务)恢复数据	7.1　安全和备份数据
7.2.1	区分删除数据和永久删除数据	7.2　安全删除和销毁
7.2.2	了解从驱动器或设备中永久删除数据的原因	7.2　安全删除和销毁
7.2.3	请注意,在社交网站、博客、互联网论坛、云服务等服务上删除内容可能不是永久性删除	7.2　安全删除和销毁
7.2.4	了解永久删除数据的常见方法,如:文件粉碎、破坏驱动器/介质、消磁、使用数据销毁程序	7.2　安全删除和销毁

恭喜！您已经完成了 ICDL 模块资讯安全课程的学习，了解了有关确保在线安全的关键高级技能，包括：

- 了解有关安全信息和数据、物理安全、隐私和身份窃取重要性的关键概念。
- 保护计算机、设备或网络免受恶意软件和未经授权的访问。
- 了解网络类型、连接类型和网络特定问题，包括防火墙。
- 安全浏览互联网。
- 在互联网上进行安全通信。
- 了解与通信相关的安全问题，包括电子邮件和即时消息。
- 妥善安全地备份和恢复数据。
- 安全处理数据和设备。

达到这一学习阶段后，您现在应该准备好进行 ICDL 认证测试。有关进行测试的更多信息，请联系 ICDL 测试中心。